CONTRIBUTIONS A LA SCIENCE SANITAIRE

PREMIÈRE PARTIE

L'INSTALLATION THÉORIQUE

DE

L'ÉCOULEMENT A L'ÉGOUT

PAR

ALFRED GUILLEMARD

PARIS

DE SOYE ET FILS, IMPRIMEURS

18, RUE DES FOSSÉS-SAINT-JACQUES, 18

1900

CONTRIBUTIONS A LA SCIENCE SANITAIRE

PREMIÈRE PARTIE

L'INSTALLATION THÉORIQUE

DE

L'ÉCOULEMENT A L'ÉGOUT

PAR

ALFRED GUILLEMARD

PARIS

DE SOYE ET FILS, IMPRIMEURS

18, RUE DES FOSSÉS-SAINT-JACQUES, 18

1900

PRÉFACE

L'évacuation rapide des matières usées de la vie, dans le plus bref délai de leur production, est une des conditions principales de l'Assainissement de l'Habitation. Si les hygiénistes sont d'accord pour formuler cette proposition, ils ne s'entendent pas toujours lorsqu'il s'agit de déterminer les dispositions que réclame l'évacuation prompte et totale. Pourtant, le système de l'écoulement à l'égout a été l'objet de nombreuses discussions, mais ces discussions ont porté sur les parties accessoires au lieu de se maintenir dans les grandes lignes. De l'absence de lois fondamentales est né cette diversité d'opinions, ces changements successifs et contradictoires dans les installations sanitaires et aussi cette multitude d'appareils variés qui, les uns après les autres, ne pouvaient fournir que des résultats incomplets, puisque leur fonctionnement était entravé par la défectuosité même de leur pose.

Les résidus de la vie se manifestent nécessairement sous les états physiques que les corps revêtent dans la nature, c'est-à-dire qu'ils peuvent se présenter sous la forme de produits liquides, solides et gazeux. A l'état liquide, l'évacuation des matières est, sans contredit, le plus facile à opérer : par leur propre gravité, ces produits s'écoulent directement à l'égout; à peine est-il besoin d'un léger lavage qui efface la trace de leur passage. Au contraire, lorsque les matières se présentent à l'état solide, il est nécessaire d'employer de grands volumes d'eau pour les balayer jusqu'au dehors de l'habitation. Mais lorsqu'on a affaire à des produits gazeux, les déversements aqueux sont sans action directe : il faut alors se servir de l'air et provoquer des courants qui refoulent jusque dans les régions élevées de l'atmosphère les résidus volatils des fermentations putrides. Ainsi, d'une part, l'action des chasses d'eau, et, d'autre part, l'action de l'air en mouvement, sont les moyens les plus simples et les plus efficaces pour opérer l'assainissement intégral de l'habitation; et ajoutons qu'il convient de pouvoir disposer suffisamment de ces deux ressources pour en user largement toutes les fois qu'il y a nécessité.

Mais l'écoulement des matières usées, les chasses d'eau, la circulation de l'air dans les conduites engendrent des effets que l'on doit pleinement connaître pour résoudre, avec le plus de simplicité possible, le problème de l'Assainissement. Au contraire, l'ignorance des lois auxquelles sont soumis ces effets conduit à des installations défectueuses ou à des complications onéreuses qui jettent le discrédit sur cette importante question d'hygiène.

Frappé des lacunes qui existaient dans la connaissance de ces lois, j'ai repris systématiquement l'étude des procédés d'assainissement en y apportant les quelques notions de méthode et de science expérimentale que m'a valu la pratique des recherches au Laboratoire pendant de longues années. Mais ce n'est pas sans appréhensions que je réunis les notes résultant de mes observations et que je les soumets au jugement des intéressés : c'est que ce travail revêt un caractère d'inédit qni va à l'encontre des coutumes établies. Les lois d'équilibre des robinets à flotteur, la régularisation des pressions et la distribution automatique des eaux de source et de rivière par le même appareil, la théorie du désamorçage des siphons, l'application des lois des écoulements gazeux à la ventilation des canalisations, l'étude sur le rendement des chasses d'eau pour effectuer le lavage et l'aération des conduites, sont les questions principales traitées dans cette première partie, dont l'étude, je crois, n'a pas été abordée d'une façon suivie par les ingénieurs ou les architectes.

Je serais donc heureux, si ces modestes contributions à la Science sanitaire pouvaient aider à résoudre cet important problème : la Salubrité de la Maison.

Alfred GUILLEMARD.

CHAPITRE PREMIER

DISTRIBUTION D'EAU

I. — Des appareils récepteurs.

Les appareils destinés aux cabinets d'aisance et répondant aux exigences sanitaires peuvent se diviser en deux classes au point de vue de leur occlusion : les cuvettes à siphon et les cuvettes à clapet. Les premières nécessitent pour leur fonctionnement un certain volume d'eau capable de faire franchir aux matières l'inflexion siphoïde, les secondes demandent un volume d'eau moins considérable et peuvent fonctionner avec des robinets à débits facultatifs. Les cuvettes à siphon ont généralement une garde d'eau (plongée) variant de $0^m,03$ à $0^m,05$. Il est nécessaire que les clapets des cuvettes du deuxième genre aient les bords assez relevés pour garder à peu près la même hauteur d'eau et malheureusement les fabricants ne prêtent pas assez d'attention à cette obturation ce qui fait que ce genre d'appareil est tombé en défaveur auprès des hygiénistes.

Les avantages des appareils à siphon sont les suivants :

Obturation hermétique et permanente.

Absence totale de mécanisme.

Les inconvénients sont :

Nécessité absolue de chasses d'eau d'un volume assez considérable (7 litres environ avec les appareils les plus usités dans le commerce).

La retenue d'eau a tendance à se contaminer par le contact des matières restées adhérentes à la cuvette : il s'ensuit que les projections de cette eau sur l'occupant peuvent propager les germes infectueux et devenir la cause de maladies graves.

Enfin le siphon est sujet à s'obstruer, soit par le passage d'objets volumineux, soit par la gelée : le dégorgement est assez difficile.

Les avantages des cuvettes à clapet sont :

Facilité de nettoyage avec un faible volume d'eau ; dans les endroits exposés à la gelée on peut même supprimer la garde d'eau et la remplacer par des liquides incongélables, tels que les hydrocarbures, (huile lourde de goudron, etc.).

Son principal inconvénient c'est d'avoir une obturation non permanente et un mécanisme dont les organes sont susceptibles à se détériorer.

Enfin une autre cause d'inconvénient commune aux deux systèmes, c'est l'évaporation de l'eau par la chaleur au cours de l'été, lorsque par une absence prolongée, on néglige de se servir des appareils à effets d'eau destinés à leur nettoyage. On peut éviter, ou, tout au moins retarder cette évaporation en versant sur la surface de l'eau du siphon ou dans la valve, 4 ou 5 centimètres d'huile de pétrole ou mieux encore d'huile lourde de goudron qui jouit de propriétés désinfectantes.

Quant à l'obturation des autres appareils récepteurs, tels que vidoirs, éviers, etc., le siphon à dégorgement facilement accessible est certainement ce qu'il y a de plus simple et de plus pratique.

Le robinet de puisage qui surmonte ces récipients sert aussi à produire les chasses nécessaires au nettoyage de leur obturateur hydraulique. En dirigeant la pression d'eau avec un tube de caoutchouc fixé sur le robinet, on opère facilement le dégorgement des coudes sans toucher aux bouchons de nettoyage.

II. — Des appareils à effets d'eau.

Nous avons dit qu'avec les appareils à clapet on peut utiliser les simples robinets à débits facultatifs. Au contraire, avec les cuvettes à siphon, il faut un volume d'eau limité qui ne peut être fourni que par des robinets spéciaux dits à fermeture retardée, ou avec des réservoirs de chasses d'une capacité déterminée.

Pour que ces appareils fonctionnent avec toute garantie, il est nécessaire que leur installation soit faite avec un très grand soin et d'après une règle que je vais exposer et qu'on ne saurait outrepasser sous peine d'avoir des installations défectueuses et absolument impropres aux services qu'on leur demande.

Tout d'abord, disons qu'en général, un réservoir de chasses est essentiellement composé d'une capacité qui se remplit a l'aide d'un robinet à flotteur, et qui se vide par un siphon que l'on amorce avec différents moyens. Le niveau de l'eau dans le réservoir doit satisfaire à deux conditions :

1° Avoir une hauteur constante.

2° Etre le plus près possible de l'inflexion siphoïde pour assurer l'amorçage.

Malheureusement, ces deux conditions sont loin d'être réalisées, dans la plupart des installations, et on constate, ou bien que le niveau de l'eau est trop élevé, ce qui fait qu'il y a déversement et perte d'eau par trop plein, ou bien que le niveau est trop bas et les appareils ne peuvent fonctionner qu'avec difficulté. Cette inconstance de niveau tient essentiellement aux différences de pression qui se produisent dans la canalisation et agissent sur le robinet à flotteur.

En effet soit :

L, la grande branche du bras de levier,

l, la petite branche,

π, le poids du flotteur,

ω, la section du flotteur cylindrique,

h, la hauteur de la partie du flotteur immergée;

p, la pression d'eau de la ville évaluée en kilos,

on a, à l'état d'équilibre, c'est-à-dire lorsque l'eau cesse d'arriver

$$pl = L(\omega h - \pi)$$

si la pression de l'eau devient $p \pm p'$ on aura :

$$(p \pm p')l = L\omega(h \pm h') - \pi L$$

et par différence on tire :

$$\pm p'l = \pm h'\omega L$$

or l, ω, L, étant des constantes, on peut déduire que,

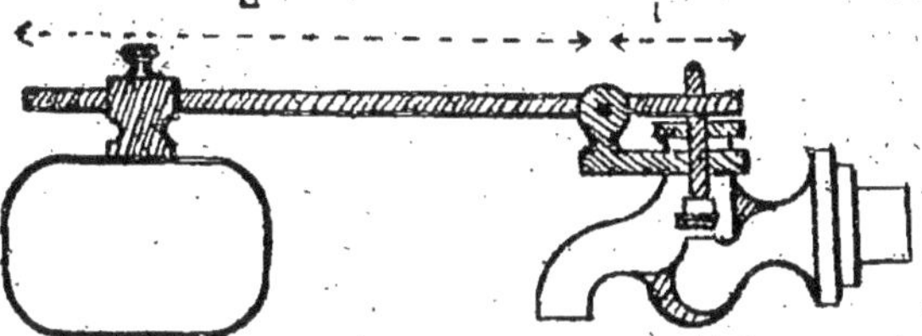

Fig. 1.

pour un accroissement ou une diminution de pression dans la conduite, on aura un accroissement ou une diminution de la hauteur d'eau dans le réservoir.

L'équation que je viens de transcrire et sa résultante s'appliquent essentiellement aux robinets dont la fermeture se fait par l'intermédiaire direct du flotteur. Mais on sait qu'il existe un autre genre de robinet, également à flotteur, dans lequel c'est la pression de de l'eau de ville qui assure la fermeture de l'appareil et, à première vue, il semblerait que ce robinet ne possède pas les défauts inhérents au premier système. Il n'en est rien. En effet, quand le réservoir est vide, le poids du flotteur maintient l'ouverture du robinet suivant l'inégalité.

$$pl < \pi L$$

Et en remplissant le réservoir, l'eau soulève le flotteur, de sorte qu'à l'état d'équilibre on a (fig. 2) :

$$pl = \mathrm{L}\,(\pi - \omega h).$$

Maintenant qu'une variation de pression $\pm\, p'$ vienne à se produire dans la canalisation, on aura

$$(p \pm p')l = \pi\,\mathrm{L} - \mathrm{L}\omega(h \pm h')$$

ce qui revient exactement au même que dans l'équation qui se rapporte au premier genre sauf que h' a des signes contraires, car on peut tirer :

$$\pm p'\,l = \mp h'\omega\mathrm{L}$$

ce qu'on peut traduire en disant que plus la pression

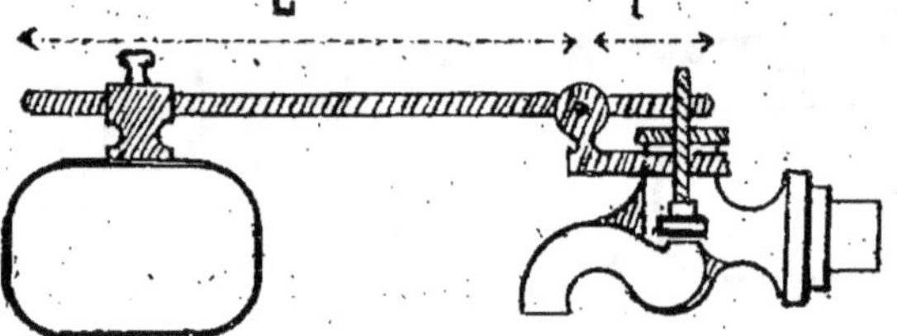

Fig. 2.

sera considérable moins le niveau de l'eau sera élevé dans le réservoir, et réciproquement.

Pour remédier à ces inconvénients, quelques constructeurs ont imaginé l'appareil dit à fuite, dans lequel une soupape noyée se soulève à volonté et permet l'amorçage avec des volumes d'eau variables : ce système est loin d'être recommandable, le limon et les algues qui se développent dans le réservoir se placent entre le joint noyé, des fuites d'eau se déclarent continuellement et élèvent considérablement la dépense d'eau.

On remarque assez souvent que dans les installations sanitaires les réservoirs de chasses ont un bon fonctionnement pendant les premiers temps qui suivent la pose. Cela s'explique parce qu'au moyen d'une rondelle en caoutchouc appliquée sur le siège de la fermeture du robinet, on contrebalance les différences de pression qui se produisent dans les conduites. Mais bientôt les fuites apparaissent, d'abord de peu d'importance, puis subitement à jets ininterrompus : c'est que l'action des variations de pression sur le robinet à flotteur s'exerce en deux phases bien distinctes : dans la première période il se produit une compression graduelle de la rondelle en caoutchouc et il faut de temps en temps régler le flotteur à l'extrémité du bras de levier. Dans la seconde période, la fermeture a perdu toute son élasticité et c'est le remplacement de la rondelle obturatrice qui s'impose à bref délai.

Ainsi l'influence néfaste des variations de pression sur les robinets à flotteur est suffisamment démontrée pour que l'on recherche les moyens d'y remédier. De tous les systèmes proposés pour assurer la constance de la pression, je n'en connais qu'un seul qui soit recommandable : c'est l'emploi d'un réservoir distributeur placé dans une partie élevée de l'habitation et qui peut être alimenté soit par l'eau de source, soit par l'eau de rivière ou mieux encore par les deux sortes d'eau, l'une faisant office d'eau de secours en cas que l'autre vienne à manquer.

Cette disposition étant vraiment la seule pratique, nous allons nous étendre un peu plus longuement sur la façon dont nous concevons *la bâche d'alimentation*.

III. — De la bâche d'alimentation.

La bâche d'alimentation est le complément indispensable à une installation de distribution d'eau, desservant les réservoirs de chasses d'une maison.

Elle a pour avantages :

1° De régulariser la pression d'eau.

2° De permettre, à Paris, l'emploi de l'eau de rivière à la place de l'eau de source beaucoup trop coûteuse.

3° De faire subir une décantation aux eaux et de retenir une grande partie du limon qui est une cause d'encrassement pour les robinets à petit format des réservoirs de chasses.

On la place dans les combles ou dans une autre partie élevée de l'habitation, à proximité si cela est possible, des conduites des cheminées, qui, l'hiver, entretiennent une chaleur suffisante pour éviter la gelée. Le robinet à flotteur doit être de dimensions assez considérables pour que les eaux limoneuses n'aient pas d'action sur son mécanisme.

Pour se servir de l'eau de rivière, on se base sur ce fait que cette eau possède à Paris une pression plus élevée pendant les heures de nuit que dans le courant de la journée. La capacité de la bâche d'alimentation doit être calculée en raison du volume d'eau nécessaire aux lavages journaliers. Il s'ensuit que le réservoir, se remplissant aux heures où la pression est suffisante, se trouve prêt à alimenter les appareils quand précisément cette pression est tombée et alors que la présence de l'eau est absolument nécessaire pour le fonctionnement des appareils.

Bien mieux pour éviter le grave inconvénient du manque d'eau possible, on peut substituer automatiquement et cela par un dispositif très simple l'eau de source à l'eau de rivière, lorsque celle-ci n'a plus la pression suffisante pour parvenir jusqu'à la bâche d'alimentation. Dans ce cas, on fait arriver dans la bâche les deux espèces d'eau par leur conduite respective de distribution. Seulement on s'arrange pour que le flotteur du robinet d'eau de source ferme à un niveau plus bas que le flotteur de l'eau de rivière (fig. 3). Celle-ci arrivant avec une pression suffisante pour remplir le réservoir, maintiendra le flotteur de l'eau de source constamment immergé, et le robinet ne pouvant fonctionner, il n'y aura pas de dépense inutile. Mais si l'eau commune vient à manquer, le flotteur de l'eau de source cessera d'être immergé et la bâche se trouvera alimentée avec une pression qui est presque toujours suffisante pour desservir les habitations les plus élevées.

La décantation des eaux par la bâche d'alimentation est assez sérieuse pour essayer d'en expliquer le méca-

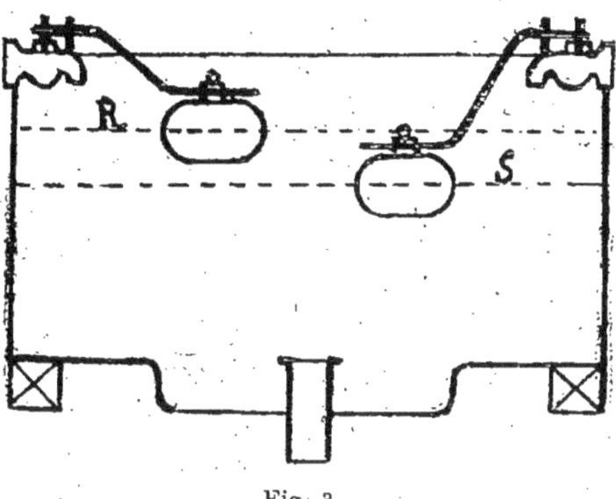

Fig. 3.

nisme. Il n'est pas rare, lorsqu'on dépose un récipient quelconque, fontaine ou réservoir, qui a reçu pendant un certain temps une alimentation d'eau de rivière, de trouver ces récipients garnis, à l'intérieur, d'une couche plus ou moins épaisse de calcaire qui s'y est déposé. Or, ce qui favorise ce dépôt, c'est précisément la perte de pression que subit l'eau quand elle s'écoule de la conduite dans le réservoir. On sait, en effet, que le carbonate de chaux (calcaire) n'est soluble dans l'eau qu'en présence de l'acide carbonique libre qui y est contenu. Mais, d'autre part, on sait aussi que l'acide carbonique se dissout d'autant mieux qu'il supporte des pressions plus élevées. A Paris, il n'est pas rare

que ces pressions atteignent quatre ou cinq atmo-
sphères. En revenant à la pression normale, on com-
prend facilement combien les gaz ont tendance à
s'échapper du liquide qui les tient en dissolution, favo-
risés, en cela, par la détente brusque qui se manifeste
à la sortie du robinet. Le calcaire se dépose donc, en
grande partie, dans la bâche, et les organes des réservoirs, se trouvant ainsi protégés contre ces dépôts qui
pourraient, sans cette précaution, paralyser complètement leur fonctionnement et devenir une source
d'entretiens coûteux.

On voit qu'avec ce dispositif si simple, on réalise
la somme des desiderata que réclame une installation
soignée, tandis qu'on s'expose à de graves mécomptes
en reliant les appareils de chasses directement aux
canalisations des eaux de la ville.

CHAPITRE II

OCCLUSIONS HYDRAULIQUES

I. — Des obturateurs siphoïdes.

Pour empêcher les mauvaises odeurs qui se dégagent
des conduites et des canalisations, d'envahir la maison,
le moyen le plus simple (pour ne pas dire le plus pri-
mitif, car il semble plus rationnel de chercher à empêcher les gaz insalubres de séjourner dans les canalisations), c'est de placer, à la suite des appareils récepteurs,
une obturation quelconque qui puisse isoler complètement les locaux des conduites et des chutes. Comme
je l'ai déjà dit, il y a deux sortes d'obturateurs : les
valves et les clapets avec ou sans retenue d'eau, et les
siphons. J'ai déjà fait connaître, en comparant ces

deux modes d'obturation, quels étaient, à mon sens, les avantages et les défauts qu'on peut leur reprocher. Je me propose, dans ce chapitre, de compléter l'étude des siphons qui tendent (à tort ou à raison) à devenir les seuls modes d'occlusion dans les installations sanitaires.

L'appareil qu'on appelle improprement siphon, et que je désignerais dorénavant sous le nom d'obturateur siphoïde pour qu'on ne puisse confondre avec les appareils qui servent au transvasement des liquides et qui, précisément, sont d'un emploi courant dans les installations sanitaires, puisqu'ils constituent le principal organe des réservoirs de chasses, l'obturateur siphoïde, dis-je, peut être décrit ainsi : une inflexion en forme d'S renversée, pratiquée sur le parcours de la chute ou de la conduite et disposée de telle sorte qu'elle puisse garder dans sa courbure inférieure un certain volume d'eau qui s'oppose au passage des gaz. Cette définition indique clairement le principal défaut du système : car si l'inflexion retient les parties fluides d'un liquide, à plus forte raison retiendra-t-elle les parties compactes des matières solides, surtout celles qui, par leur densité, ne peuvent se maintenir en suspension dans l'eau. Si donc l'obturateur siphoïde a pour particularité de retenir les parties solides et, par suite, de provoquer des dépôts dans les conduites, il faut qu'un système de chasses d'eau puisse corriger les défectuosités inhérentes à l'appareil et s'opposer ainsi à l'engorgement des canalisations. On ne peut donc concevoir l'obturateur siphoïde sans chasses d'eau, et, partant de ce principe, on pourra poser comme règles :

1° Tout obturateur siphoïde devra être pourvu d'appareils à effets d'eau permettant de produire des chasses assez puissantes pour éviter l'engorgement des inflexions ou retenues d'eau.

2° On ne devra, sous aucun prétexte, placer des obturateurs dans des endroits difficilement accessibles et en particulier à la base des chutes et des canalisations.

Cette deuxième conséquence a pour corrollaire immédiat que la pose des obturateurs à la base des conduites constitue un obstacle permanent à la ventilation du système de l'écoulement à l'égout. Je m'étendrai davantage sur ce sujet dans un des chapitres suivants.

II. — De l'aération des obturateurs siphoïdes.

Outre le défaut de s'engorger facilement, l'obturateur siphoïde possède un autre inconvénient assez grave, c'est d'être assujetti à perdre la retenue d'eau qui constitue l'occlusion hermétique au passage des gaz. On dit alors qu'il s'est désamorcé.

Le désamorçage des obturateurs hydrauliques s'opère, en général, sous l'influence des mouvements de l'eau et des matières qui s'écoulent dans les conduites ou leurs branchements. Ces écoulements produisent des effets multiples qu'il convient d'approfondir pour remédier avec certitude au désamorçage des obturateurs. J'ai entrepris l'étude méthodique de ces effets, et pour simplifier autant que possible cette question, j'ai rangé dans trois catégories distinctes les modes d'aspiration qui s'exercent sur la plongée d'eau. Je crois donc pouvoir affirmer que, quelles que soient les causes qui provoquent le désamorçage des obturateurs hydrauliques dans les installations si variées que l'on peut rencontrer, on peut les ramener à une de ces trois modes d'aspiration :

1° Aspiration par effet de piston;

2° Aspiration par effet de trompe;

3° Aspiration par siphonnage.

Le désamorçage par effet de piston est constitué par la chute des liquides ou des matières dans une conduite dont la partie supérieure n'est pas en communication avec l'atmosphère. Soit, par exemple, l'obturateur RST (fig. 4) relié à la conduite CD, fermée en C et dans laquelle en D s'effectue une chute de matière. Soit V le volume d'air renfermé entre la plongée $a'\,b'$ et CD. Si

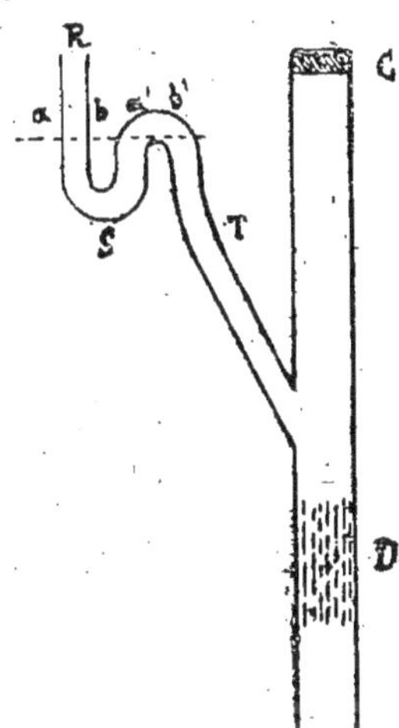

Fig. 4.

nous supposons $a'\,b'$ au même niveau que $a\,b$, la pression intérieure est H.

Maintenant que la masse D vienne à parcourir un certain chemin, le volume d'air intérieur deviendra $V + v$ et la pression en $a'\,b'$ deviendra H' suivant la loi de Mariotte.

$$\frac{H'}{H} = \frac{V}{V + v}$$

ou

$$HV = H'\,(V + v)$$

donc on aura

$$H' < H$$

La pression qui s'exerce sur $a\,b$ étant plus grande que la pression en $a'\,b'$, il s'ensuivra que l'écoulement de la plongée d'eau se fera vers C D.

2° Dans le désamorçage par effet de trompe, on considère la chute d'une colonne d'eau occupant la pleine section de la conduite CD (fig. 5). Dans ce cas les molécules d'air qui se trouvent à la jonction du branche-

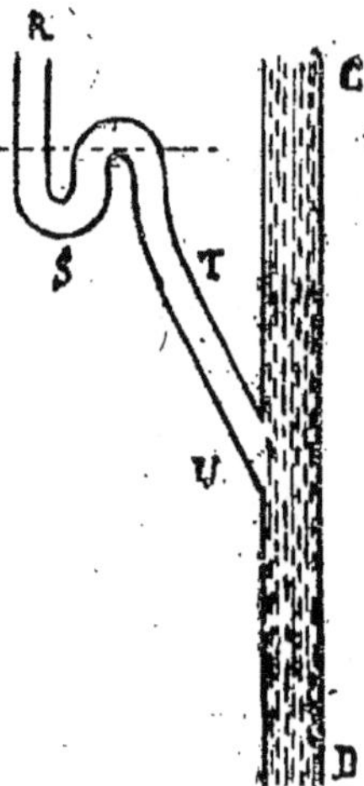

Fig. 5.

ment, en U, participent au mouvement des particules aqueuses et se trouvent entraînées dans la chute. Il s'ensuit une diminution de pression en T et par suite l'entraînement de la plongée vers CD. Cet effet de désamorçage s'observe dans les chutes qui reçoivent les eaux pluviales. Sous l'action d'une forte averse les conduites s'emplissent et le phénomène se produit.

3° *Désamorçage par siphonnage.* — **Théorie générale du désamorçage des obturateurs siphoïdes.** — Les deux modes de désamorçage que

je viens de citer, ne s'appliquent qu'à des cas particu-
liers : le désamorçage le plus fréquent a lieu par aspiration de la garde d'eau, par le propre écoulement de
l'obturateur hydraulique. Voici la manière dont se
passe le phénomène. Soit l'obturateur MNST (fig. 6)
dans lequel se produit un écoulement d'eau à pleine
section. Considérons le plan d'eau en M au même
niveau que dans l'inflexion supérieure, c'est-à-dire au
moment même où l'écoulement en S devra cesser pour

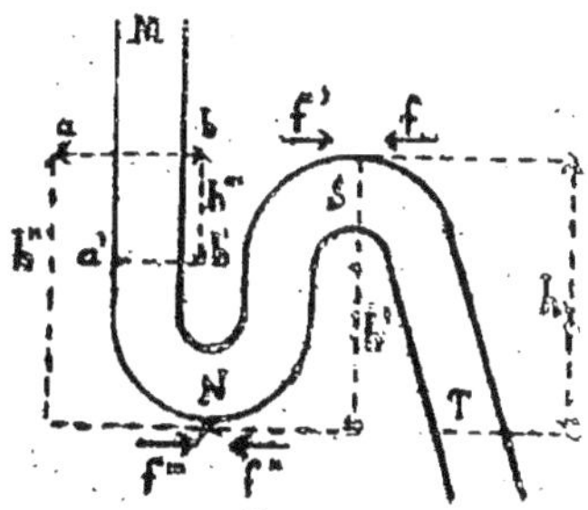

Fig. 6.

bue l'inflexion N garde la hauteur de liquide propre à
l'obturation. Calculons maintenant les forces qui
agissent sur la veine liquide. Soient h, h', h'', les hauteurs des colonnes d'eau qui mesurent les pressions
sur des sections égales à celles de l'obturateur. Les
molécules liquides sont en S sollicitées, d'une part, par
une force f égale à H, pression atmosphérique, dimi-
nuée de h pression de la colonne d'eau en ST, et,
d'autre part, par une force f' qui est la résultante de
deux autres forces f'' et f''' appliquées en N. Or la force
f''' est égale à la pression H agissant sur le plan $a\,b$
augmentée de la pression de la colonne d'eau MN $= h''$.
Comme par hypothèse on a $h' = h''$, ces deux pressions
s'équilibrent et il s'ensuit que la résultante des deux
forces f'' et f''' est égale à H et par conséquent la force f'

est elle-même égale à cette pression. Finalement comme on a ainsi :

$$f' = H$$
$$f = H - h$$

On tire :

$$f' > f$$

Ce qui veut dire que le liquide tend à s'écouler directement de M en T de la même façon que s'il emplissait un tube complètement droit et vertical. Le plan d'eau va donc baisser de $a\,b$ à la position $a'\,b'$, par exemple. Soit h''' la différence entre ces deux niveaux, on a par une discussion analogue à celle que je viens de soutenir plus haut

$$f' = H - h''$$
$$f = H - h$$

et

Or h étant plus grand que h''' la force f l'emporte toujours sur la force f' et l'écoulement se continue toutefois sous une pression moindre qui aura son minimum lorsque $a\,b$ atteindra le point N. Si à ce moment $h = h'$ la colonne d'eau se rompera en S et il n'y aura qu'un démorçage incomplet, c'est-à-dire perte que de la moitié de la plongée. Mais dans le cas général, on a $h > h'$. Dès lors, comme plus haut, il vient :

$$f' = H - h'$$
$$f = H - h$$

d'où

$$f' > f$$

l'écoulement se maintiendra, mais cette fois sous l'action d'une pression augmentant sans cesse puisque h' tend vers zéro. La cause finale est donc le désamorçage intégral de l'obturateur siphoïde.

Démonstration expérimentale. — Cette théorie peut être vérifiée par une expérience de la plus grande simplicité. On prend un obturateur quelconque. un obturateur en plomb de pierre d'évier de $0^m,35$ ou $0^m,40$ de diamètre, par exemple. On ferme l'extré-

mité inférieure avec un bouchon de dimensions appro-
priées, puis on le remplit complètement d'eau. Si en le
maintenant bien droit, on vient à enlever le bouchon
assez brusquement pour éviter que la colonne d'eau se
divise, on constate que l'écoulement de la branche inférieure entraîne la garde d'eau formée par les deux
autres branches et il ne reste dans la courbure qu'une
petite quantité de liquide insuffisante pour empêcher le
passage des gaz.

**Théorie de l'aération ou de l'anti-désamor-
çage.** — En étudiant les variations de la pression
pendant l'écoulement, j'ai montré que si la branche
ST se terminait au même niveau que le point de courbure N, l'obturateur se vidait incomplètement. Si,
poussant les choses plus loin, on supposait que ST
vienne encore à diminuer jusqu'à devenir nulle, il
s'ensuivrait que la presssion h tendrait vers zéro et,
à ce moment, aucune perte de la garde d'eau ne pourrait avoir lieu. L'obturateur se résoudrait à un tube
en U et les pressions en N, f'' et f''' seraient égales de
part et d'autre. Cette discussion nous enseigne deux
faits importants :

1° Que pour éviter le désamorçage il faut mettre
la plongée en communication avec l'atmosphère.

2° Que cette communication doit avoir lieu en S,
sur la courbure supérieure de l'appareil et non pas
sur le prolongement de ST comme on ne le fait que
trop souvent.

Dans ces conditions, l'écoulement se limite à la
branche terminale de l'obturateur.

Aération externe et aération interne. — On
peut mettre l'obturateur en communication avec l'atmosphère de deux façons différentes : ou bien en
pratiquant une ouverture dans la courbure supérieure
qu'on relie par un tube spécial au dehors de l'habitation, ou bien en donnant une section plus grande à la

branche terminale de façon que lors de l'écoulement la colonne liquide ne puisse occuper la pleine section de cette branche. Il s'ensuit que, dans le premier cas, l'air arrive par une canalisation externe aux conduites et aux branchements, tandis que dans le deuxième cas l'aération se fait par les tuyaux de chute eux-mêmes. J'appelle le premier mode, aération externe, tandis que je donne le nom d'aération interne au second mode de communication avec la pression atmosphérique.

L'aération externe a pour avantage de pouvoir s'appliquer quelle que soit la cause du désamorçage. Elle est absolument indépendante de toute espèce de mouvement dû à la circulation des matières dans les tuyaux. Comme inconvénient, on peut lui reprocher une pose coûteuse et encombrante. De plus, l'ouverture d'accès pratiquée sur l'obturateur peut s'engorger par les matières projetées vers la partie supérieure de la courbure.

L'aération interne a pour avantage sa simplicité. Mais on ne saurait l'appliquer dans tous les cas, notamment lorsque les branchements sont reliés sur la conduite des eaux de pluie, car elle ne pourrait éviter le désamorçage par effet de trompe.

Causes secondaires qui empêchent le désamorçage. — Bien que la théorie et l'expérience soient d'accord pour montrer que normalement l'obturateur siphoïde doit se désamorcer par le simple écoulement de l'eau, on constate souvent qu'il n'en est pas toujours ainsi et que des appareils non munis d'aération gardent leur plongée malgré le volume d'eau considérable qu'on y déverse. Cela tient tout simplement à ce que des influences secondaires viennent contrarier la vitesse de l'écoulement de la veine liquide. Ces causes sont nombreuses, mal connues et varient souvent pour peu que l'on apporte une légère modification au cours d'une simple expérience. Je vais essayer, toutefois, de montrer l'une des plus fréquentes : l'influence des vases récepteurs à fond plat.

Quand on projette un seau d'eau sur une pierre d'évier, l'obturateur s'emplit et l'écoulement se fait normalement : la vitesse est sensiblement constante à l'entrée comme à la sortie. Mais peu à peu le niveau d'eau sur la pierre d'évier baisse et il se trouve que cette nappe d'eau est soumise à l'influence des frottements des mollécules liquides sur le fond du récipient. La vitesse de la nappe d'eau supérieure se ralentit donc au fur et à mesure que son volume diminue sans que pour cela la vitesse de la veine liquide inférieure ne change, tandis que la pression atmosphérique reste la même de part et d'autre. Il s'ensuit à un moment donné une aspiration d'air qui contrebalance le volume d'eau qui vient à manquer. Cette aspiration se manifeste par la formation d'une petite colonne d'air qui occupe le milieu de la colonne liquide et qui peu à peu gagne la courbure supérieure de l'obturateur et empêche ainsi le désamorçage complet de l'appareil : il s'est produit, dans ces conditions, une véritable aération naturelle. Mais cette aération est liée à des conditions bien précaires et souvent le déversement effectué dans des conditions un peu différentes peut faire changer du tout au tout le phénomène. C'est ainsi que la chute d'une matière solide peut amener la perte de la plongée, là ou l'on pensait n'avoir jamais à craindre le désamorçage.

Aussi, à mon avis, il convient de soumettre toute espèce d'obturateur à la loi de l'aération surtout quand, dans nombre de cas, on peut appliquer l'aération interne qui constitue une modification si peu coûteuse qu'il serait impardonnable d'être assujetti, à un moment ou à un autre, aux émanations insalubres qui prennent naissance dans les canalisations.

CHAPITRE III

DE LA VENTILATION DES CANALISATIONS

Le volume d'une masse gazeuse est en raison inverse des pressions qu'elle supporte, dit la loi de Mariotte. Cet énoncé fait comprendre comment une canalisation dans laquelle se produit une accumulation de gaz dus aux fermentations peut, sous l'influence des variations de la pression atmosphérique, devenir le siège de l'infection des locaux qui sont en communication avec elle par les différents tuyaux de chute des matières fermentescibles. Pour éviter cet envahissement d'odeurs insalubres, il faut donc balayer hors du système d'écoulement les gaz au fur et à mesure qu'ils se forment, ou tout au moins les diluer dans un volume d'air suffisant pour que les émanations ne soient pas perceptibles. Tout l'art de l'architecte consiste donc à entretenir un courant d'air permanent dans le système d'écoulement, et il y a lieu d'examiner comment on peut produire le courant d'air, la ventilation, en un mot, nécessaire à l'entraînement de ces gaz.

Tout d'abord, nous écarterons la série d'appareils spéciaux qui se placent au sommet prolongé des tuyaux de descente, et dont on a l'habitude de coiffer le faîte des cheminées pour en activer le tirage. Les modèles qui existent dans le commerce sont nombreux et peuvent donner d'excellents résultats, mais leur énumération ou leur étude nous mèneraient trop loin et n'entrent pas dans le cadre de ce travail. Nous nous bornerons seulement à rechercher la meilleure disposition qu'il faut donner à la canalisation et aux chutes pour produire la ventilation la plus énergique.

La circulation de l'air n'a lieu qu'autant qu'on puisse soumettre cet air à l'action, soit d'effets physiques, soit

d'effets mécaniques. Par effets physiques, nous enten-
dons la pression atmosphérique, la dilatation ou la
contraction que les gaz éprouvent par changements de
température; et par effets mécaniques, nous compre-
nons la poussée ou l'entraînement des gaz dus aux
chutes d'eau et de matières dans les tuyaux de descente, et particulièrement les mouvements de l'air
occasionnés par les chutes d'eau volumineuses dans
les canalisations. La variation de la température est
certainement une des sources les plus précieuses
pour produire l'aération convenable de la canalisation
et l'habileté de l'architecte peut tirer un excellent parti
des ressources qui s'offrent naturellement : l'orientation des chutes au nord ou au midi, leur disposition à
proximité des locaux chauffés ou le long des tuyaux et
des souches de cheminées, la captation des eaux ména-
gères presque toujours portées à une température assez
élevée, voilà certainement plus de moyens qu'il n'en
faut pour réaliser des combinaisons avantageuses, et
produire l'effet désiré.

Il est donc de toute utilité de chercher à connaître la
manière dont se fait la circulation de l'air dans le
système d'écoulement sous l'influence des variations
de température. Soit, à cet effet, les chutes AB et CD
reliées aux extrémités amont et aval de la canalisation
BD (fig. 7). Supposons que CD reçoive les eaux ména-
gères et soit orientée au midi, ce qui peut parfaitement
se concevoir : nous aurons dans cette conduite une
température plus élevée que dans la conduite AB, qui,
située dans le pignon arrière de l'habitation, est au
contraire exposée au nord. Concevons les deux chutes
de même longueur ou prenons deux parties égales com-
prises entre les tranches horizontales MN et ST pas-
sant par le sommet et la base des conduites. Soit :

t, la température en CD,
t', la température en AB.

on a donc :

$$t > t'$$

et calculons les pressions réciproques sous l'influence de ces températures. Appelons :

F, la pression atmosphérique sur la tranche MN,

ω, la section des conduites supposées de même diamètre,

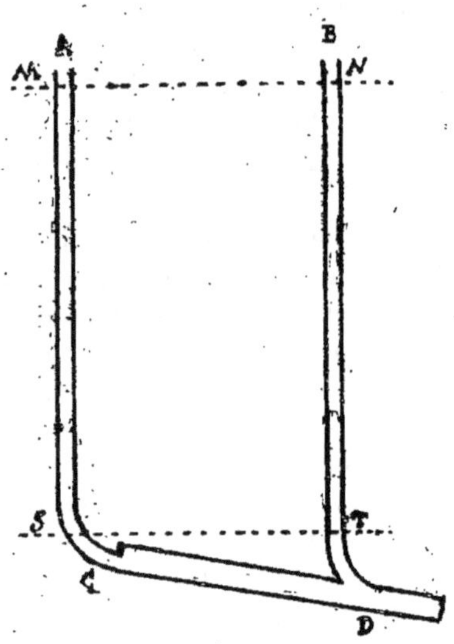

Fig. 7.

H, la hauteur de ces conduites,

d_0, la densité de l'air à 0° par rapport à l'eau,

α, le coefficient de dilatation de l'air,

P, la pression en AB,

p, la pression en CD.

Les pressions à la base de chacune des conduites seront donc égales à la pression atmosphérique au sommet augmentée du poids de la colonne d'air.

Ainsi on aura :

$$P = F\omega + H\omega \frac{d_0}{1 + \alpha t'}$$

$$p = F\omega + H\omega \frac{d_0}{1 + \alpha t}$$

or puisque

$$t' < t$$

il s'ensuivra

$$P > p$$

c'est-à-dire que la résultante de ces deux pressions est un courant d'air allant de A en BDC.

D'où première conséquence :

Dans un système d'écoulement à l'égout, on devra établir les chutes de façon à ce qu'un courant d'air puisse circuler de l'une à l'autre sans obstacle.

Cherchons maintenant les conditions que doit réaliser le courant gazeux pour que la ventilation s'opère de la façon la plus énergique, c'est-à-dire sous l'action de la vitesse la plus considérable.

Le mouvement de A vers C se produit donc en vertu de la différence des pressions

$$P - p$$

or cette différence est égale à

$$\left(F\omega + H\omega \frac{d_0}{1 + \alpha t}\right) - \left(F\omega + H\omega \frac{d_0}{1 + \alpha t}\right)$$

et après réduction

$$H\omega d_0 \alpha \frac{t - t'}{(1 + \alpha t')(1 + \alpha t)}$$

Cet excès de pression de la colonne AB sur la colonne CD étant connu, nous allons pouvoir en déduire la vitesse de translation du courant aérien.

Or, on sait que la vitesse d'écoulement des fluides, (gaz ou liquides), est donnée par la formule

$$V = \sqrt{2gh}$$

h représentant la hauteur de la colonne du fluide qui s'écoule et qui produit par conséquent la différence de pression. Ici cette colonne d'air s'écoulant par CD est soumise à la température t et a pour section ω. Sa densité est donc $\dfrac{d_0}{1 + at}$ et l'excès de pression $(P - p)$ produit par h peut s'écrire

$$\frac{h\,\omega\,d_0}{1 + \alpha t} = \frac{H\,\omega\,d_0\,\alpha\,(t - t')}{(1 + \alpha t')\,(1 + \alpha t)}$$

expression de laquelle on pourra tirer la valeur cherchée, soit

$$h = \frac{H\alpha(t - t')}{1 + \alpha t'}$$

et qu'on pourra porter dans la formule

$$V = \sqrt{2gh}$$

ce qui donne

$$V = \sqrt{\frac{2g\,H\alpha(t - t')}{1 + \alpha t'}}$$

En considérant cette expression de la vitesse d'écoulement des gaz, nous pourrons poser que cette vitesse est proportionnelle à la racine carrée de la hauteur des chutes et de la différence de température de chacune de ces chutes.

D'où deuxième conséquence :

On disposera les chutes de telle sorte que l'une reçoive dans son trajet le plus long, la plus forte somme de calorique qu'il soit possible d'emprunter à l'habitation et que l'autre demeure à une température plus basse que la colonne faisant office d'appel d'air.

L'expression qui vient d'être citée ne montre pas l'influence de la section sur l'écoulement gazeux. Il est cependant facile de la mettre en relief en calculant le volume d'air qui s'écoule en une seconde, car alors on a pour débit

$$Q = \omega V$$

ou

$$Q = \omega \sqrt{\frac{2g\,H\alpha(t - t')}{1 + t'}}$$

Ce qui peut s'énoncer en disant que le volume écoulé est directement proportionnel à la section des conduites. Et l'on pourra poser comme troisième conséquence :.

On devra donner aux chutes la plus large section, compatible toutefois avec le nettoyage efficace par les chasses d'eau.

Enfin il est nécessaire de montrer combien les rétrécissements des sections peuvent agir sur le dégagement gazeux.

Nous avons dit que dans la formule $V = \sqrt{2gh}$, h mesure la différence de pression produite par l'écoulement gazeux, de sorte que si la vitesse vient à se ralentir par suite d'obstruction dans la canalisation on aura une vitesse moindre représentée par exemple par la formule $\sqrt{2gh'}$ en faisant h' plus petit que h et on aura une perte de charge

$$K = h - h'$$

Si on appelle r un coefficient de résistance, on pourra écrire

$$h - h' = rh'$$

d'où l'on tire

$$h' = \frac{h}{1 + r}$$

et finalement en introduisant h' à la place de h dans la formule générale, il viendra

$$Q_r = \omega \sqrt{\frac{2g\,H\,\alpha\,(t - t')}{(1 + \alpha t')(1 + r)}}$$

Or r peut varier dans des limites très grandes suivant l'entretien des conduites de sorte que Q peut devenir très petit et même nul par suite d'obturation par les dépôts de matières dans les tuyaux.

Donc, quatrième conséquence :

Pour assurer la ventilation parfaite dans un système d'écoulement, il faudra tenir la canalisation et les chutes complètement vides et dans un état de propreté absolue.

Expériences.

Toutes les conséquences que nous venons d'énumérer par l'interprétation raisonnée de la loi des écoulements gazeux peuvent être démontrées par une expérience de laboratoire facile à réaliser. Dans un tube en U (fabriqué, par exemple, avec un tube de $0^m,02$ de diamètre sur $1^m,50$ de longueur, recourbé à angles droits en trois parties), on insuffle de la fumée, de manière à l'emplir complètement. Si l'on vient à approcher d'une branche de ce tube un foyer de chaleur (une lampe à gaz ou à pétrole), on constate un courant allant de la branche froide à la branche chaude et bientôt le tube se vide complètement de la fumée qui y était emprisonnée. Au lieu de se chauffer avec une lampe, on peut verser de l'eau chaude, et on voit les mêmes phénomènes se reproduire; ou bien on peut constater les ralentissements de vitesse avec des sections réduites ou en diminuant la quantité de chaleur, etc.

Toutes ces expériences montrent d'une manière frappante comment doit s'opérer la circulation de l'air et, par suite, le trajet qu'il faut provoquer dans les courants qui composent la ventilation des habitations.

Pour terminer, nous pourrons apprécier quelques cas qui se rencontrent assez souvent et qui peuvent avoir une action favorable ou défavorable sur la ventilation.

1° L'entrée et la sortie des courants de l'aération devront se faire par l'extrémité supérieure des chutes et des conduites des matières usées. Les produits d'écoulement pourront ainsi se diluer et être emportés dans les masses aériennes. On devra, au contraire, se garder des prises d'air au niveau du sol et des ventilations par les bouches d'égout, qui développent des émanations fétides.

2° Les conduites et les chutes seront à joints continus dans tout leur parcours. Les tuyaux de descente à assemblages discontinus tels que le système à cuvettes, devront être formellement écartés de toute installation saluble;

3° Il faudra éviter de placer au bas des chutes des obturateurs hydrauliques ou autres organes d'interception. Ces appareils, précédemment condamnés comme foyer d'obstruction et d'infection, empêchent tout courant d'air de se produire et, par suite, constituent un obstacle permanent pour la ventilation des canalisations;

4° Les valves en mica ou autres matières seront soigneusement proscrites. S'ouvrant plus ou moins bien sous l'action de l'air, elles viennent apporter un sérieux coefficient de résistance au passage des veines gazeuses qui circulent dans les conduites;

5° La canalisation qui reçoit toutes les chutes d'une maison devra être tenue dans un état de rigoureuse propreté. Les effets d'eau des appareils récepteurs sont insuffisants pour atteindre ce but. Il faudra se servir de l'action des chasses puissantes fournies par des réservoirs à départs automatiques et réglés suivant l'importance des canalisations et des dépôts qui s'y rencontrent.

Le lavage des canalisations par les chasses d'eau et la ventilation que celles-ci provoquent constituant des procédés les plus favorables pour assurer l'assainissement de l'habitation, nous allons consacrer un chapitre spécial à l'examen du meilleur mode d'emploi des appareils automatiques.

CHAPITRE IV

EMPLOI DES RÉSERVOIRS AUTOMATIQUES

I. — Nettoyage des canalisations.

Il a été convenu que le principe sur lequel repose la salubrité de la maison est l'évacuation totale des résidus de la vie. Quand j'ai parlé de la pose des appareils récepteurs, j'ai déterminé les conditions auxquelles devait satisfaire la distribution d'eau pour assurer l'évacuation rapide des matières hors de ces appareils et des chutes qui les relient à la canalisation. De même, j'ai insisté sur la nécessité d'une ventilation méthodique pour entraîner hors des chutes les gaz insalubres et j'ai montré combien il était important de maintenir les canalisations dans un état de très grande propreté pour assurer cette ventilation.

Si les chasses d'eau que l'on produit dans les appareils récepteurs sont suffisantes pour le lavage des conduites de descente, elles ne le sont pas toujours pour nettoyer la canalisation, dont la pente est souvent très faible. Il faut donc, pour éviter la stagnation des matières dans cet organe principal de la salubrité d'une maison, recourir à des chasses d'eau supplémentaires, dont l'action doit s'exercer exclusivement sur les dépôts en formation.

Ces chasses sont fournies par des réservoirs d'une certaine capacité qui se vident brusquement, non pas sous l'effet d'un amorçage volontaire comme dans les appareils à tirage, mais automatiquement et dans des espaces de temps déterminés par le débit des robinets qui servent à les remplir.

La capacité de ces réservoirs, le rapport entre le

diamètre de la décharge et celui de la canalisation, la fréquence des chasses, la longueur de la canalisation que ces chasses peuvent laver utilement sous une pente donnée, sont des facteurs de la première importance et dont la détermination ne saurait être laissée à l'arbitraire. Malheureusement, les installations de ces réservoirs ont été faites souvent dans des conditions tellement défectueuses qu'elles ont jeté le discrédit sur ces appareils, dont la pose en tête des canalisations a une telle importance que, seuls, ils permettent d'éviter les engorgements des conduites d'évacuation, assurent et provoquent la ventilation des chutes et que l'on doit regarder comme incomplète toute installation sanitaire qui en est dépourvue.

J'ai essayé de me rendre compte des effets des réservoirs des chasses automatiques et des dispositions qu'il faut leur donner pour assurer la meilleure utilisation des chasses d'eau. Mais avant de décrire les expériences que j'ai effectuées dans ce but, je dois prévenir le lecteur que, ayant été obligé, dans le cours de ces recherches, de me servir de valeurs de convention, les résultats se ressentent nécessairement des facteurs introduits : il faudra donc tenir compte, dans une installation, des modifications qui peuvent changer les données de l'expérience. Du reste, l'exposé de la méthode que j'ai suivie permettra à chacun de prendre ce qui lui convient ou de modifier selon les besoins qui résultent de l'établissement de la canalisation.

Tout d'abord, deux faits importants sont à considérer au point de vue des chasses d'eau :

1º Mise en suspension des dépôts qui se trouvent dans la conduite;

2º Entraînement de ces dépôts jusqu'à l'égout public.

L'élément dominant de la mise en suspension des matières est la vitesse, surtout celle qui est fournie par la tête de chasse.

Au contraire, l'entraînement des matières a pour facteur le volume d'eau de la chasse qui doit être suffisant pour diluer les matières et leur assurer la vitesse nécessaire pour en retarder le dépôt le plus longtemps possible.

Ainsi donc, les deux éléments qu'il importe de connaître, sont :

1° La vitesse;

2° Le volume d'eau.

Pour arriver à connaître la vitesse, j'ai déposé successivement dans une conduite propre les substances les plus diverses, entre autres de l'argile, du sable ou un mélange de ces deux substances, des morceaux de brique, de la colle de pâte, des tessons de verre, etc. Finalement, j'ai reconnu que le volume d'eau qui se déplaçait avec une vitesse de 1 mètre à la seconde (exactement $0^m,95$), donnait des résultats très suffisants pour nettoyer la conduite des objets qui la souillent. J'ai donc conclu que toute chasse d'eau qui conservera jusqu'à l'extrémité de la conduite une vitesse de translation de 1 mètre à la seconde, sera considérée comme suffisante pour effectuer le lavage des canalisations.

Ayant ainsi déterminé la vitesse V convenable au nettoyage des conduites, j'ai cherché à résoudre la deuxième proposition, c'est-à-dire à connaître le volume d'eau capable d'entraîner les matières mises en suspension par la vitesse de 1 mètre à la seconde. Mais ici la question devient complexe, car le cube d'eau est lié à d'autres facteurs qu'il convient de déterminer au préalable.

En effet, si nous appelons

Q le débit du réservoir

ω la section du siphon (décharge du réservoir)

u la vitesse moyenne d'écoulement

t le temps pendant lequel le réservoir se met à se vider

C le volume d'eau de la chasse, on a :

$$Q = \omega u$$
$$C = Q t$$

donc

$$C = \omega u t$$

Voici quelles valeurs j'ai attribué aux facteurs ω, u, t.

1° J'ai déterminé le rapport du diamètre du siphon à celui de la canalisation. Avec une conduite de $0^m,250$ de diamètre, j'ai essayé des siphons de $0^m,100$, $0^m,150$ et $0^m,200$, et j'ai constaté que :

Avec $0^m,100$ on avait une diminution trop rapide des vitesses ; la veine d'eau s'étalait en nappe trop mince, de sorte qu'il s'ensuivait une perte de charge par défaut de volume.

Avec $0^m,200$, on avait, au contraire, une perte de charge par excès de volume. Il y avait projection des filets d'eau contre la paroi supérieure de la canalisation avec tendance à sortir par les tampons de dégorgement. Cette chasse trop volumineuse produisait, en outre, des ébranlements à la jonction du siphon préjudiciable à la solidité des joints.

Avec $0^m,150$, on écartait ces différents inconvénients : la chasse d'eau avait son meilleur rendement. Le siphon de ce diamètre était donc le plus rationnel pour la canalisation mise en expérience. On en tirait le rapport

$$\frac{150}{250} = \frac{3}{5}.$$

De même, des essais faits avec une conduite de $0^m,150$ ont montré que le siphon de $0^m,090$ (ou $0^m,100$) donnait d'excellents résultats. En appelant D le diamètre de la canalisation, nous aurons donc pour section ω de la décharge du réservoir :

$$\omega = \left(\frac{3}{5}\,D\right)^2 \frac{\pi}{4} = 0{,}09\,\pi\,D^2.$$

2° La vitesse moyenne u était particulièrement délicate à fixer. Comme elle influe sur la vitesse V, il fallait faire rentrer cette dernière dans sa détermination.

En effet, on peut considérer u comme la moyenne des vitesses que prend successivement la chasse par suite des variations de la hauteur de l'eau dans le réservoir.

On pourra écrire par exemple :

$$u = \frac{V_1 + V_2 + V_3 \dots + V_n}{n}$$

en appelant V_1, V_2, V_3..., V_n, les vitesses successive que prend l'écoulement de l'eau, et si h_1, h_2, h_3..., h_n sont les hauteurs qui correspondent à ces vitesses, il viendra

$$u = \frac{\sqrt{2g}}{n} \left(\sqrt{h_1} + \sqrt{h_2} + \sqrt{h_3} \dots \sqrt{h_n} \right).$$

La vitesse u est donc une fonction de $\sqrt{2gh}$, ce qui revient à fixer une valeur à h, hauteur de la charge d'eau. Dans nos expériences, on a fait $h = 0^m,80$, ce qui est une moyenne choisie parmi les différents appareils qui sont dans le commerce et qui correspond au minimum de hauteur en faisant coïncider l'axe de la décharge avec l'axe de la canalisation. On a établi ensuite la canalisation sous une faible pente (2 ou 3 millimètres par mètre), et on a fait partir des chasses en notant les cubes d'eau qui permettaient de conserver une vitesse de 1 mètre à la seconde pendant un parcours de 200 mètres. On avait ainsi par calcul les deux autres facteurs cherchés u et t, puisque ce dernier est lié à l'équation générale et que ω a été déterminé.

On a constaté que la vitesse moyenne u, ne devait pas s'abaisser au-dessous de $1^m,30$ à la seconde. Avec les bons appareils, elle doit plutôt s'élever et se placer entre les cotes $1^m,35$ et $1^m,40$ (pour $0^m,80$ de chute).

3° La valeur de t a été déterminée par la même expérience, mais en notant les variations que la vitesse *u* prenait avec les différents cubes d'eau. Ainsi, avec un volume juste suffisant pour noyer l'appareil la vitesse moyenne du débit descendait très bas : la perte de charge exerçait son influence prépondérante. Au fur et à mesure que l'on augmentait le volume d'eau, les valeurs de *u* se relevaient jusqu'à atteindre une certaine limite, au delà de laquelle les variations ascendantes ne progressaient qu'avec des apports considérables dans le cube des chasses. On notait le cube d'eau qui pouvait donner *u* égal à $1^m,30$ dans la formule $C = \omega\, u\, t$ et par suite on avait *t* qu'on a trouvé égal à 60 secondes avec la plupart des appareils mis en observation.

La valeur de C peut donc maintenant être déterminée, et pour nous résumer si nous appelons D le diamètre de la canalisation, nous aurons pour *d* diamètre de la décharge du réservoir :

$$d = \frac{3}{5}\, D$$

pour section

$$\left(\frac{3}{5}\, D\right)^2 \times \frac{\pi}{4} = 0,09\, \pi D^2$$

et pour cube d'eau

$$C = 0,09\, \pi D^2 \times 1.30 \times 60 = 7,02\, \pi D^2.$$

Posons par exemple $D = 0^m,15$ qui est un diamètre des plus courants, et effectuons les opérations, nous aurons pour volume d'eau nécessaire au nettoyage de cette canalisation $C = 496$ litres soit un demi-mètre cube. Peut-être ce nombre semble-t-il un peu fort à première vue? Nous avons répété de nombreuses expériences avec ce cube d'eau : il nous a donné toujours les meilleurs résultats, et nettoyait incomparablement mieux les canalisations qu'avec trois chasses successives de 200 litres par exemple. Ainsi, pour une maison d'importance ordinaire, une chasse d'eau de

500 litres par vingt-quatre heures permet d'éviter tout
engorgement et les mauvaises odeurs qui en résultent.
Or, 500 litres en vingt-quatre heures, cela fait un peu
plus de 20 litres à l'heure, c'est-à-dire une alimentation
des plus réduites, nécessaire au bon fonctionnement
des appareils automatiques. Comme d'un autre côté,
c'est l'eau de rivière qui alimente ces appareils la dépense est des plus minimes.

Maintenant que nous connaissons le volume d'eau
qu'il faut employer, nous devons tenir compte d'un
autre facteur d'importance, non moins capitale que la
vitesse et le cube d'eau tels que nous les avons déterminés : c'est l'influence de la pente. Au cours de ce
travail, j'ai décrit comment en plaçant la canalisation
sous une pente de 3 millimètres par mètre on obte-
nait des vitesses utiles sur un parcours de 200 mètres
environ, et cela dans une canalisation vide et propre.
Il m'a donc paru intéressant, pour donner une suite à
ces expériences de connaître comment se comportaient
ces vitesses, en établissant la canalisation sous des
pentes plus prononcées.

Je ne décrirais pas les prises de vitesse que j'ai
effectuées sous différentes pentes depuis $0^m,001$ jusqu'à
$0^m,03$ ou les calculs qui m'ont permis d'évaluer les
vitesses des pentes intermédiaires à celles mises en
observation : cela allongerait inutilement.

Je dirais seulement que j'ai essayé de condenser dans
une formule unique l'interprétation générale des faits
observés. Si donc on appelle L la longueur de la canalisation qui pourra être lavée sous N millimètres de
pente par mètre, la formule sera :

$$L = 120 + 25\,N$$

en employant des volumes d'eau calculés suivant les
données décrites plus haut. Toutefois, cette formule
a été calculée avec une canalisation vide et propre,

et l'importance des dépôts vient considérablement faire varier L. Ainsi, avec une canalisation au fond de laquelle on avait répandu une légère couche de terre argileuse, on avait autrement :

$$L = 60 + 20\,N$$

Cette expérience montre combien l'appréciation du avage d'une canalisation avec un cube d'eau déterminé est délicate. Lorsqu'on aura une très longue conduite à entretenir, par exemple dans un passage desservant plusieurs habitations ou une voie particulière, il conviendra de multiplier les appareils en appréciant le mode d'écoulement des matières, par exemple en tenant compte si les appareils récepteurs sont dépourvus ou munis de chasses d'eau et en quantité suffisante.

Pour me résumer, j'ai réuni dans des tableaux les résultats de ces expériences qui paraissent le plus favorables au bon entretien des canalisations choisies dans les types les plus courants.

TABLEAU I

Rapport entre le diamètre de la canalisation et le diamètre du siphon.

Diamètre de la canalisation.	Diamètre du siphon (1).
$0^m,10$	$0^m,060$
$0^m,12$	$0^m,070$
$0^m,15$	$0^m,090$
$0^m,18$	$0^m,100$
$0^m,20$	$0^m,120$
$0^m,25$	$0^m,150$
$0^m,30$	$0^m,180$

(1) Ou plutôt diamètre de la veine d'eau à la sortie de l'appareil.

TABLEAU II

Cube d'eau nécessaire au lavage des canalisations.

Diamètre de la canalisation.	Cube des chasses.
0^m,10	220 litres
0^m,12	317 »
0^m,15	496 »
0^m,18	714 »
0^m,20	882 »
0^m,25	1378 »
0^m,30	1984 »

Longueur de la canalisation que les chasses d'eau peuvent laver sous une pente donnée.

TABLEAU III

Canalisations desservies par des appareils à effets d'eau.

Pente par mètre.	Longueur lavée.	Pente par mètre.	Longueur lavée.
0^m,001	145^m	0^m,012	420^m
2	170	14	470
3	195	16	520
4	220	18	570
5	245	20	620
6	270	22	670
7	295	24	720
8	320	26	770
9	345	28	820
10	370	30	870

TABLEAU IV

Canalisations dont les chutes sont privées d'appareils à effets d'eau.

Pente par mètre.	Longueur lavée.	Pente par mètre.	Longueur lavée.
0^m,001	80^m	0^m,012	300^m
2	100	14	340
3	120	16	380
4	140	18	420
5	160	20	460
6	180	22	500
7	200	24	540
8	220	26	580
9	240	28	620
10	260	30	660

Note complémentaire.

Dans l'essai préliminaire des réservoirs de chasses, si la vitesse minima de 1^m,30 ne se trouve pas atteinte, on peut corriger l'écart en allongeant le tube de décharge, c'est-à-dire en donnant une plus grande hauteur à la chute d'eau. Cette hauteur sera facilement déterminée en tenant compte de la formule $\sqrt{2gh}$ et de la perte de charge qui peut être calculée aussi par le même essai. Enfin si, par manque de place, il était impossible d'exhausser le réservoir, on pourrait augmenter la vitesse u en donnant un volume prépondérant à la première partie de la chasse, ce qui peut se faire en élargissant, par exemple, la partie supérieure du réservoir.

Les schémas ci-contre expliqueront, du reste, suffisamment la manière de placer les appareils suivant les ressources dont on peut disposer.

Explications :
Pose normale (fig. 8).

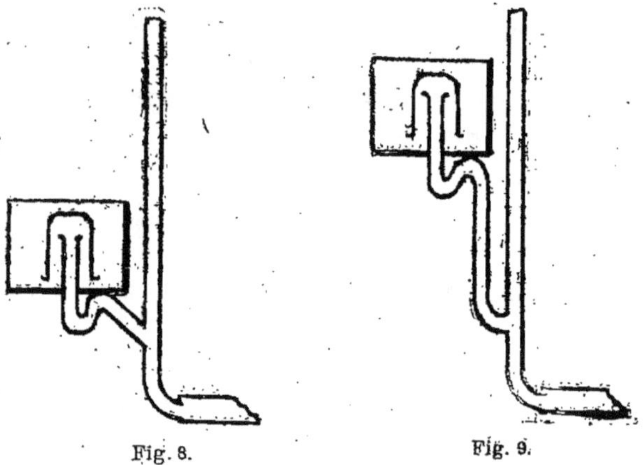

Fig. 8.   Fig. 9.

Relèvement des vitesses par élévation de la chute
d'eau ou accroissement de charge (fig. 9).

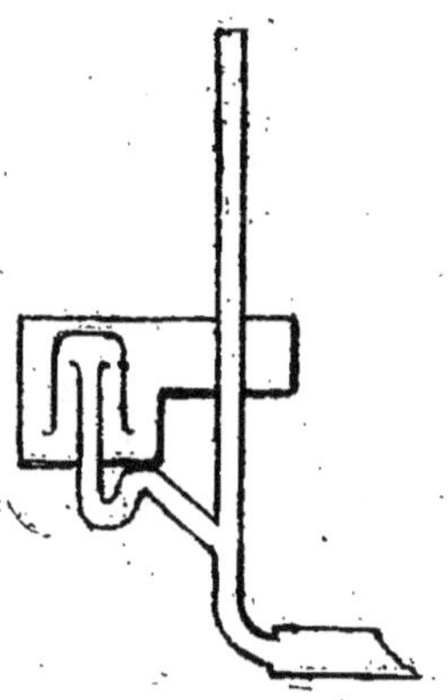

Fig. 10.

Relèvemeut des vitesses par prépondérance du cube
d'eau au début de la chasse (fig. 10).

II. — Ventilation par les chasses d'eau.

Lorsque sur le parcours d'une conduite dans laquelle se produit l'écoulement d'une colonne d'eau à un régime à peu près constant, on pratique une ouverture de telle sorte que la veine d'eau ne subisse pas de déformation appréciable, la colonne d'air qui a pour section cette ouverture tend à faire équilibre au poids de la colonne d'eau qui sollicite l'écoulement à ce point. Il en résulte que cette colonne d'air se trouve poussée dans la conduite, puis entraînée avec le courant liquide. Et si plus tard la pression de la veine d'eau vient à diminuer, l'air se dégagera du liquide qui l'entraîne et produira un courant en sens inverse de l'aspiration.

Il est facile, maintenant, de se rendre compte de la façon dont on peut réaliser la ventilation d'un système d'écoulement en utilisant l'action de la chute d'eau fournie par un réservoir de chasses. Supposons deux conduites placées aux extrémités amont et aval d'une canalisation telles, du reste, que nous les avons conçues pour étudier la ventilation par différence de température (fig. 11).

Ajoutons à la partie inférieure de la chute amont un réservoir de capacité suffisante; la chasse d'eau de ce réservoir produira, en s'écoulant, un appel d'air dans la conduite AB. Cet air se trouvera entraîné dans la canalisation où, par suite de diminution de pression, il se dégagera pour former un courant CD inverse de AB, et la ventilation que nous avons réalisée par une différence de température se trouve reproduite dans le même sens avec des moyens tout différents. Ici, je n'ai pas besoin d'insister sur la nécessité de communiquer à ce courant d'air la même direction qu'au premier pour éviter de créer des pressions antagonistes, mais ce que je dois faire remarquer, ce sont les proportions qu'on doit donner à la veine d'eau par rapport aux diamètres de la conduite et de la canalisation.

Pour réussir au but que l'on se propose, il faut tenir compte de deux dispositions très importantes :

1° Donner à la décharge du réservoir le même diamètre qu'à la conduite qui reçoit la chasse, de façon que la veine d'eau ait partout la même section.

2° Etablir la canalisation avec un diamètre plus grand

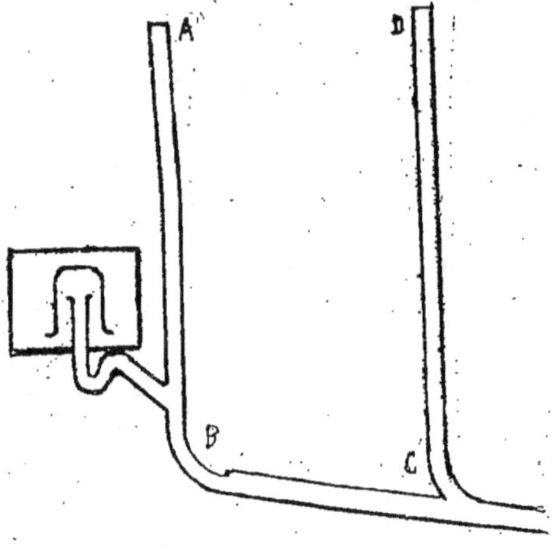

Fig 11.

que celui de la conduite (autant que possible dans le rapport de 3 à 2 : par exemple, 0^m,15 à la canalisation et 0^m,10 à la conduite et au réservoir, sont des diamètres dont les proportions sont excellentes pour obtenir de bons résultats).

On démontre par une expérience très simple la nécessité d'avoir une section égale sur le parcours de la chute d'eau à la canalisation. Dans un tube vertical AB (fig. 12) recourbé à son extrémité inférieure, on pratique une ouverture de quelques centimètres au-dessus de la courbure, par laquelle on fait arriver un courant li-

quide. Si le tube CD qui amène le courant est de même
diamètre que AB, il se produit une aspiration d'air par
l'extrémité supérieure en A, ce qu'on peut vérifier en
reliant cette partie du tube avec un manomètre simple,
par exemple avec un tube en U rempli à moitié d'eau.
On constate que la dépression du manomètre est dirigée

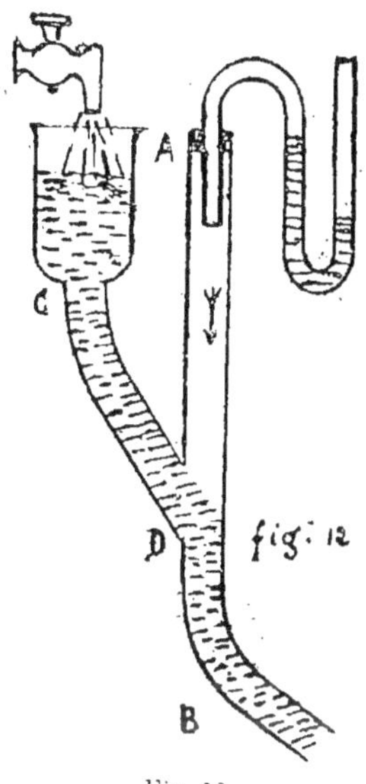

Fig. 12.

dans le sens de l'écoulement et en même temps qu'elle
est plus ou moins accentuée suivant que le courant
aqueux possède plus ou moins de rapidité. Au contraire,
en remplaçant le tube CD par un autre de section moindre, la colonne manométrique ne subit aucune variation, ce qui indique bien que la ventilation ne peut se
faire avec un dispositif semblable.

Il s'ensuit, de là, que si l'on relie le réservoir de
chasses à la canalisation elle-même, non seulement on
n'opère pas le nettoyage du coude de la descente, mais

on perd le bénéfice d'une ventilation énergique, et cette disposition (fig. 13), que j'ai constatée bien souvent, doit être absolument condamnée.

Ainsi, voilà, sous un autre aspect, l'utilisation des réservoirs automatiques. Je ne saurais assez insister sur le côté pratique et utile et sur les services qu'une installation semblable peut rendre : car supposons, par exemple, que, dans l'habitation, des mauvaises odeurs viennent à se répandre, dont la provenance indiquerait

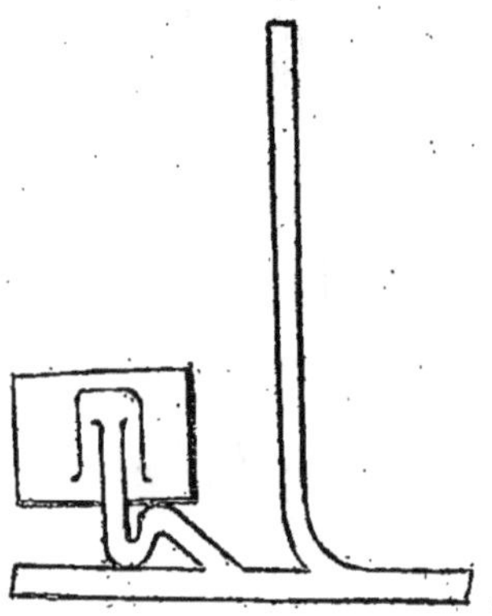

Fig. 13.

l'engorgement de quelques tuyaux mal nettoyés, rien n'est plus simple que d'ouvrir en grand le robinet d'alimentation du réservoir pour produire, dans un bref délai, la chasse libératrice. On supprime, du même coup, l'obstruction menaçante et la stagnation des gaz odorants : c'est, pour ainsi dire, une chasse de sûreté qui opère instantanément le ramonage complet dans tout le drainage de l'habitation. On comprendra qu'envisagée de la sorte, la pose de ces appareils vaut la peine d'être recommandée, d'autant plus, qu'en général, les réservoirs automatiques joignent des organes robustes à une grande simplicité de construction. Mais encore faut-il garder entre les composantes de ce système d'installation les proportions qui ont été suggérées par la méthode expérimentale : je pense qu'ainsi comprise, l'étude que je viens de faire pourra être de quelque utilité à ceux qui rentrent dans ces vues.

CHAPITRE V

DU RACCORDEMENT DE LA CANALISATION À L'ÉGOUT

Le raccordement de la canalisation à l'égout doit être disposé de façon à utiliser le plus complètement possible la vitesse des écoulements et des chasses d'eau pour le nettoyage des égouts, et à empêcher que l'air insalubre ne vienne contrarier la ventilation des conduites de la maison.

Pour réaliser ces deux conditions, il est nécessaire d'établir l'extrémité de la conduite d'évacuation avec un coude de grand rayon dans le sens du courant, et en communication avec le fond du radier de l'égout.

Si le déversement des matières se fait suivant une direction perpendiculaire à l'égout, les chasses d'eau se trouvent brisées contre les parois opposées et leur vitesse perdue pour l'entraînement des matières.

Il en est de même si l'écoulement vient à se produire sur la surface du courant au lieu d'exercer son action sur les dépôts en formation dans la partie inférieure de l'égout. Au contraire, en faisant la jonction de la canalisation dans le fond du radier, on évite cet inconvénient de la perte de vitesse en même temps qu'on oppose une barrière à l'envahissement de la maison par les gaz insalubres de l'égout.

Les deux schémas suivants expliqueront d'une manière suffisante les dispositions qu'on doit éviter ou préconiser.

Dispositions à éviter (fig. 14) :

A. — Coupe.

B. — Plan. a, direction du courant.

        b, direction des déversements provoquant les dépôts.

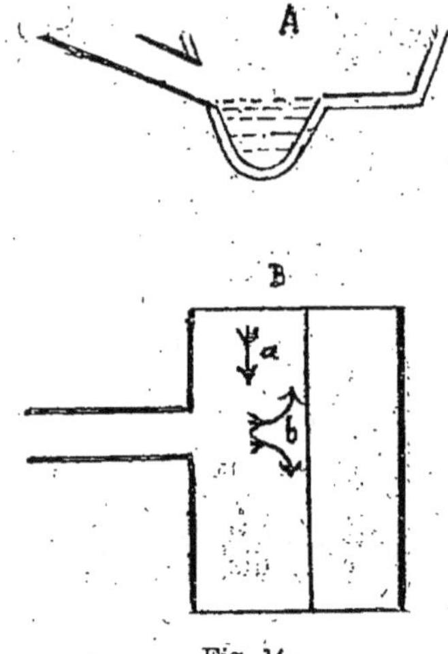

Fig. 14.

Dispositions à appliquer (fig. 15) :

A. — Coupe.

B. — Plan. a, direction du courant.

        b, direction des déversements facilitant l'entraînement des matières.

On pourrait reprocher à cette disposition la tendance à l'engorgement de l'extrémité de la canalisation par les sables et les boues qui s'amassent dans l'égout. Mais je ferais remarquer que la direction donnée à la conduite (dans le sens du courant de l'égout) réduit à son minimum la possibilité de ce fait, et ensuite l'emploi de chasses d'eau volumineuses, comme je le préconise, aura facilement raison des dépôts en formation.

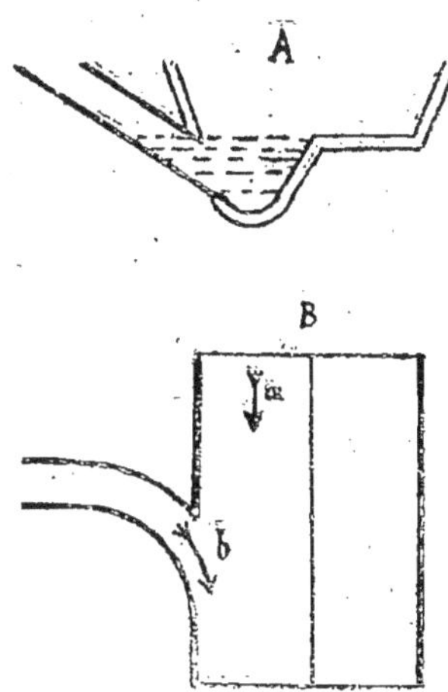

Fig. 15.

Je regarde donc cette disposition comme la seule compatible à l'installation homogène telle que je l'ai conçue à la suite de mes observations.

CONCLUSIONS

Nous avons terminé notre étude sur l'installation générale de l'écoulement à l'égout. Il nous reste à résumer, en quelques lignes, les conclusions qui découlent de l'ensemble de cette première partie.

Deux modes d'assainissement se dégagent qui ont une action marquée sur la salubrité de la maison Ces deux procédés d'assainissement reposent sur :

1° L'évacuation intégrale des matières usées hors de la maison ;

2° L'isolement de l'habitation contre les produits qui peuvent rester à séjourner dans la canalisation.

L'assainissement par évacuation s'opère par la combinaison méthodique des chasses d'eau et de la ventilation. Il doit être tel, que la matière évacuée ne doit laisser aucune trace de son passage dans l'ensemble des chutes et des conduites.

L'assainissement par isolement consiste à placer un système protecteur, un obturateur hydraulique, par exemple, entre les locaux de l'habitation et les tuyaux de descente dans lesquels l'évacuation ne saurait être complète.

En principe, le premier mode devrait être le seul admis ; mais il n'est pas toujours possible de l'appliquer intégralement à cause des dispositions défavorables que l'on rencontre dans les constructions. Aussi, dans la pratique, il est bon de combiner les deux systèmes en donnant toutefois la prépondérance à l'évacuation aussi complète que possible et en utilisant le mode protecteur que par insuffisance du premier procédé.

J'ai résumé dans le schéma ci-contre (fig. 46) l'installation telle qu'elle doit résulter des principes que j'ai développés dans le cours de ce travail.

En voici l'explication.

Distribution d'eau.

B, bâche d'alimentation des réservoirs à flotteur pouvant utiliser l'eau de rivière, ou, à son défaut, l'eau de source.

CR, compteur d'eau de rivière.

CS, compteur d'eau de source.

Occlusions hydrauliques.

E, obturateurs siphoïdes des cuvettes branchées sur la conduite des eaux pluviales et soumis à l'aération externe A.

I, obturateurs avec aération interne.

Ventilation des chutes.

L'air entre en M et sort en P.

Ce mouvement se produit par l'excès de température de la conduite OP sur la conduite MN, et par les chutes d'eau qui se produisent en MN.

L'excès de température en OP a lieu :

1° Par orientation au midi ;

2° Par exposition à proximité des conduites de cheminées ;

3° Par l'écoulement des eaux chaudes provenant des buanderie, cuisine, salle de bain.

L'entraînement mécanique de l'air par les chutes d'eau, a lieu :

1° Par la recette de toutes les eaux fluviales en MN ;

2° Par l'action des chasses volumineuses en N, produites par le réservoir G.

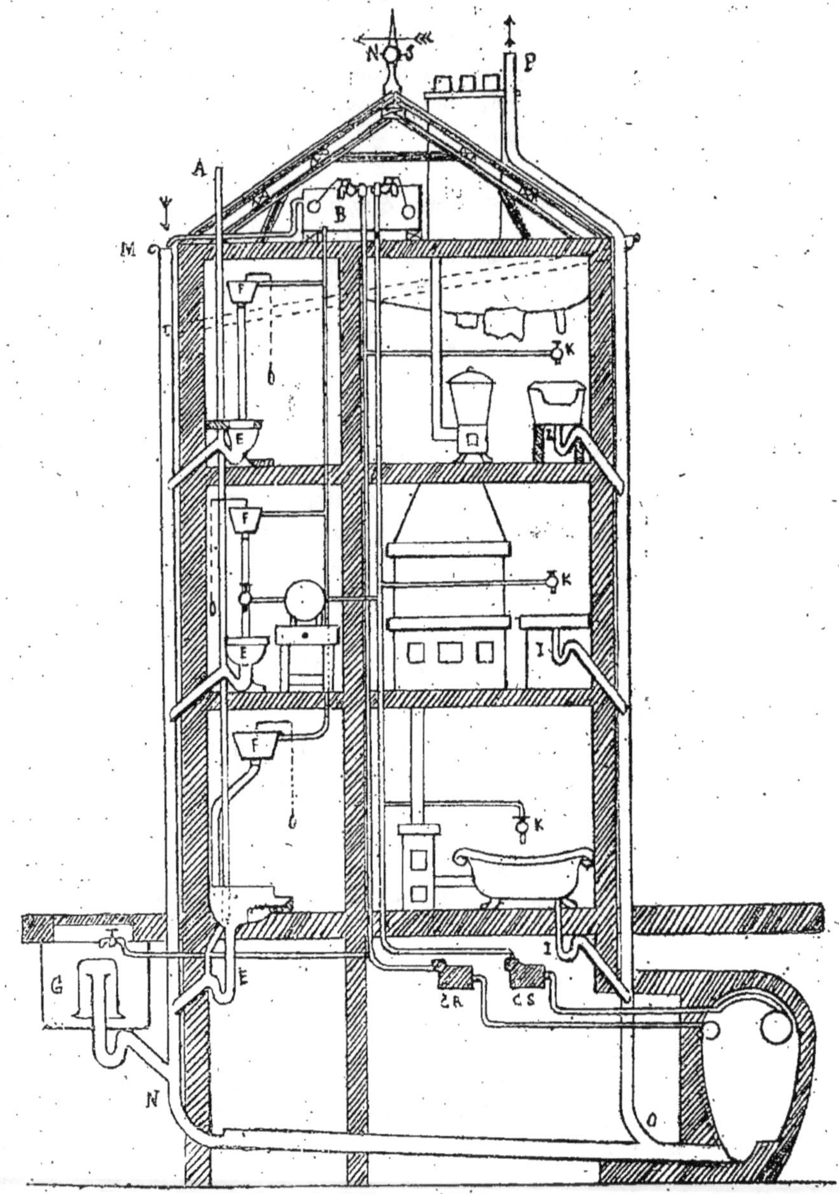

Fig. 16.

Nettoyage des chutes et des canalisations.

Les chutes sont lavées par les chasses des réservoirs à flotteur F ou par les robinets de puisage K.

La canalisation est nettoyée par les chasses du réservoir automatique G.

TABLE DES MATIÈRES

PARIS. — L. DE SOYE ET FILS, IMPR., 18, R. DES FOSSÉS-S.-JACQUES.